Ludovic Garacci

Problème industriel : Conception d'un système de "dévraquage"

Ludovic Garacci

Problème industriel : Conception d'un système de "dévraquage"

Compte rendu de fin d'étude Licence Génie Mécanique et Productique

Éditions universitaires européennes

Impressum / Mentions légales
Bibliografische Information der Deutschen Nationalbibliothek: Die Deutsche Nationalbibliothek verzeichnet diese Publikation in der Deutschen Nationalbibliografie; detaillierte bibliografische Daten sind im Internet über http://dnb.d-nb.de abrufbar.
Alle in diesem Buch genannten Marken und Produktnamen unterliegen warenzeichen-, marken- oder patentrechtlichem Schutz bzw. sind Warenzeichen oder eingetragene Warenzeichen der jeweiligen Inhaber. Die Wiedergabe von Marken, Produktnamen, Gebrauchsnamen, Handelsnamen, Warenbezeichnungen u.s.w. in diesem Werk berechtigt auch ohne besondere Kennzeichnung nicht zu der Annahme, dass solche Namen im Sinne der Warenzeichen- und Markenschutzgesetzgebung als frei zu betrachten wären und daher von jedermann benutzt werden dürften.

Information bibliographique publiée par la Deutsche Nationalbibliothek: La Deutsche Nationalbibliothek inscrit cette publication à la Deutsche Nationalbibliografie; des données bibliographiques détaillées sont disponibles sur internet à l'adresse http://dnb.d-nb.de.
Toutes marques et noms de produits mentionnés dans ce livre demeurent sous la protection des marques, des marques déposées et des brevets, et sont des marques ou des marques déposées de leurs détenteurs respectifs. L'utilisation des marques, noms de produits, noms communs, noms commerciaux, descriptions de produits, etc, même sans qu'ils soient mentionnés de façon particulière dans ce livre ne signifie en aucune façon que ces noms peuvent être utilisés sans restriction à l'égard de la législation pour la protection des marques et des marques déposées et pourraient donc être utilisés par quiconque.

Coverbild / Photo de couverture: www.ingimage.com

Verlag / Editeur:
Éditions universitaires européennes
ist ein Imprint der / est une marque déposée de
OmniScriptum GmbH & Co. KG
Heinrich-Böcking-Str. 6-8, 66121 Saarbrücken, Deutschland / Allemagne
Email: info@editions-ue.com

Herstellung: siehe letzte Seite /
Impression: voir la dernière page
ISBN: 978-3-8417-3098-5

Réalisation d'un système de « dévraquage »

GARACCI Ludovic
LP CSACE

2008/2009

Tuteur industriel :
Pascal SAUTIER

Tuteur académique :
Nathalie COHAUT

Remerciements :

Je souhaiterais remercier tout d'abord Mr. Victor Zarifé, chef du service Procédés pour m'avoir permis d'effectuer mon stage au sein du Centre De Recherche Hutchinson à Chalette-sur-Loing.

Je tiens aussi à remercier tout particulièrement mon tuteur industriel, Mr Pascal Sautier pour m'avoir aidé et encadré durant ma période de stage, ainsi que de sa présence lors de la soutenance.

Je remercie également tout les techniciens et consultants (Boris Chauvet, David Petit, Gérard Tavin) m'ayant permis d'avancer grâce à leur aide et à leurs conseils.

Glossaire :

Dévraquage : Terme désignant le fait de décharger et de séparer des pièces initialement en vrac dans un container par exemple.

Vérin pneumatique : Tube cylindrique (cylindre) dans lequel une pièce mobile (piston) sépare le volume du cylindre en deux chambres isolées l'une de l'autre. Un ou plusieurs orifices permettent d'introduire ou d'évacuer un fluide, ici de l'air, dans l'une ou l'autre des chambres et ainsi déplacer le piston.

Distributeur : Le distributeur est utilisé pour commuter et contrôler la circulation des fluides sous pression. Il est généralement constitué de tiroirs qui coulissent dans un corps, permettant de mettre en communication des orifices.

GRAFCET (acronyme de « GRAphe Fonctionnel de Commande Etapes/Transitions » et de « GRAphe du groupe AFCET ») est un mode de représentation et d'analyse d'un automatisme, particulièrement bien adapté aux systèmes à évolution séquentielle, c'est-à-dire décomposable en étapes.

Automate programmable : Un Automate Programmable Industriel (API) est un dispositif électronique programmable destiné à la commande de processus industriels par traitement séquentiel. Il envoie des ordres vers les préactionneurs (distributeurs) à partir de données d'entrés (capteurs), de consignes et d'un programme informatique.

Mot clefs :

MC1 : Bureau d'études
MC2 : Automobile
MC3 : Pro Engineer Wildfire 4.0
MC4 : Système de « dévraquage »
MC5 : Automatisation, Robotisation

Table des matières :

Table des illustrations :

I/ Introduction :

Afin de valider ma licence professionnelle CSACE (Conception de Système Automobile, Contrôle et Essais) en Génie Mécanique et Productique, j'ai effectué mon stage dans le service Procédés au centre de recherche Hutchinson de Chalette-sur-loing (45) pendant une période de 19 semaines, du 16 Février au 26 Juin 2009. Ce centre de recherche fait partie de la branche Recherche et Développement du groupe Hutchinson Worldwide® et mon tuteur industriel, Mr Pascal Sautier, est chef de projet senior au sein de ce service.

Ce service dans lequel j'ai effectué mon stage a pour mission, entre autres, de trouver de nouvelles méthodes de fabrication, de nouveaux moyens d'améliorer la production en utilisant des procédés d'automatisation et de robotisation.

L'automatisation des chaînes de production est devenue un atout majeur dans l'industrie automobile, c'est pourquoi il m'a été demandé de concevoir un système de « dévraquage » pour l'entreprise Paulstra, usine du groupe Hutchinson. Ce système se situe entre l'arrivée d'un bac de pièces en vrac et le robot. Le robot ne pouvant pas gérer une configuration de vrac 3D directement dans le container, il faut donc réaliser un système permettant de prendre et de mettre ces pièces sur un plan, pour que le robot puisse détecter les pièces, grâce à un dispositif de Vision, et les prendre. Une autre caractéristique de ce système est qu'il doit pouvoir être utilisé, si possible, pour tout type de pièces (aluminium, caoutchouc, plastique...).

Dans un premier temps je présenterai l'entreprise (historique, activité, organigramme), puis l'objectif de ce système (présentation, cahier des charges).
Et dans un second temps je vous présenterai l'étude et la conception du système de « dévraquage » en détaillant le travail effectué et les problèmes rencontrés. Enfin je terminerai sur un bilan d'ensemble sur ce qui a été accompli, ainsi que la continuité future du système.

I/ L'entreprise Hutchinson :

I/ 1.Historique de l'entreprise :

La société Hutchinson, ancienne entreprise familiale, a su se développer en restant à la pointe de la technicité. Il y a 150 ans sa naissance marqua l'arrivée de l'industrialisation du caoutchouc en France.

Fig. 1 : Mr. Hiram Hutchinson

- **1853 :** Hiram Hutchinson arrive des Etats-Unis et crée une grande manufacture de caoutchouc à Chalette-sur-loing dans une ancienne papeterie royale. Il a acquit aux Etats-Unis une grande expérience de l'industrie du caoutchouc et il possède de vastes forêts riches en « cao tchu », ce qui signifie en indien : « bois qui pleure ». Les premiers produits réalisés dans l'entreprise sont des chaussures, puis rapidement la production va se diversifier.

- **1860 :** La construction d'une usine en Allemagne, près de Mannheim, marque le début de l'élaboration progressive d'un réseau commercial qui couvrira toute l'Europe et les Etats-Unis.

Fig. 2 : Papeterie royale

Puis les mouvements au sein de la société seront fréquents et permettront une diversification des productions et des marques.

- **1973 :** Fusion Hutchinson/Mapa.

- **1974 :** Prise de participation majoritaire de Total dans le capital d'Hutchinson. Hutchinson acquiert Paulstra, leader mondiale des pièces antivibratoires.

- **1986 à 1999 :** Hutchinson fait l'acquisition de plus de 21 entreprises (Spontex, Vibrachocs, ABT...) dans plusieurs pays.

- **2000 :** Hutchinson intègre Atofina, branche chimie de TotalFinaElf. Inauguration du Centre Technique de Paulstra à Châteaudun en France. Construction de l'usine Hutchinson d'Amilly également en France.

- **2001 :** Agrandissement du Centre de Recherche de Chalette-sur-loing.

Fig. 3 : Pub Hutchinson

- **2003 :** Hutchinson fête ces 150 ans. Inauguration du site Hutchinson Poland à Lodz en Pologne. TotalFinaElf devient TOTAL.

- **2004 :** Lancement du gant Anti-virus G-VIR.

- **2005 et 2006 :** Acquisition de TECHLAM et JEHIER.

Fig. 4 : Logo TOTAL

I/ 2. Activité et quelques chiffres :

Hutchinson Worldwide® est le numéro un dans la fabrication d'élastomères pour l'automobile, l'industrie et le grand public.

Le groupe est organisé en trois divisions :

Automobile-Industrie :

Hutchinson Worldwide® intervient dans les sept domaines (Antivibratoires, Etenchéité de carrosserie, Etenchéité de précision, Mastics et Adhésifs, Pièces de carrosserie, Transfert de fluide haute et basse pression, Transmission). Les récentes acquisitions et les implantations stratégiques des dernières années lui ont permis de marquer sa présence auprès des constructeurs automobiles dans plus de quinze pays.

Fig. 5 : Transmission

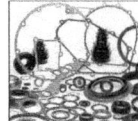

Fig. 6 : Etanchéité

Aérospace et industrie :

Hutchinson est un acteur majeur des secteurs Aéronautique, Spatiale, Ferroviaire, Défense et du Bâtiment. L'industrie générale fait également partie de ces domaines de compétences. Hutchinson Worldwide® intervient par ailleurs sur le marché du deux roues (vélo de compétition, de loisir, scooters jusqu'à la grosse cylindrée).

Fig. 7 : Hélicoptère

Fig. 8 : Aéronautique

Fig. 9 : Bâtiment

Grand public :

Pour distancer ses principaux concurrents et accélérer son développement dans les zones géographiques à forte croissance, Hutchinson Worldwide® mise sur son avance technologique et sa capacité à satisfaire les attentes des consommateurs. Mapa est aujourd'hui le 1er producteur mondial de gants de ménage et Spontex est le 1er producteur d'éponges végétales, de toile éponge et de combinés cellulosiques. Mapa-Spontex à également une activité professionnelle en gants de sécurité destinée aux secteurs de l'industrie Chimique, du Nucléaire, de l'Electronique et de l'Alimentaire.

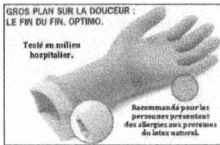

Fig. 10 : Gant Mapa

Fig. 11 : Eponge Spontex

Voici quelques chiffres. Comme le montre les images ci-dessous, le chiffre d'affaires d'Hutchinson Worldwide® s'élevait à 3 milliards d'euros en 2008. Le budget attribué à la branche Recherche et Développement correspond à 5% du chiffre d'affaires, soit environ 150 millions d'euros. L'effectif est de 27474 collaborateurs sur les 117 sites réparties sur 26 pays, dont 34 en France.

RÉPARTITION DU CHIFFRE D'AFFAIRES PAR SECTEUR D'ACTIVITÉ

Par métier

Transfert de Fluides	17 %
Etanchéité	36 %
Isolation Vibratoire, Acoustique et Thermique	20 %
Transmission et Mobilité	12 %
Protection et Soin	15 %

Au cours de l'exercice 2008, Hutchinson a réalisé un chiffre d'affaires de **3038 Millions d'Euros.**

Fig. 12 : Répartition du chiffre d'affaires

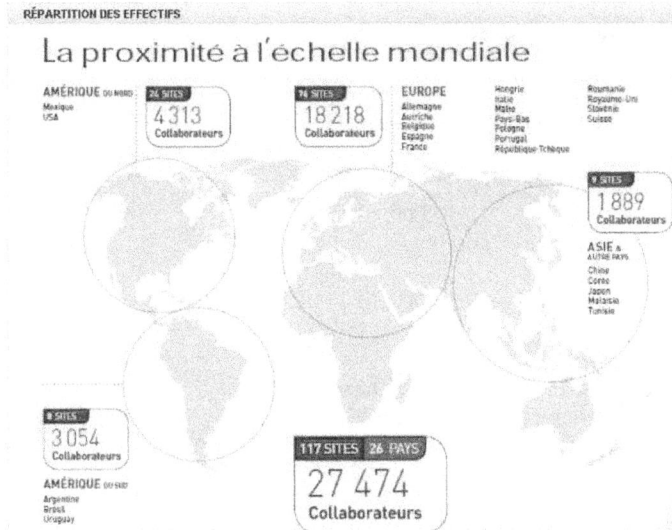

RÉPARTITION DES EFFECTIFS

La proximité à l'échelle mondiale

AMÉRIQUE DU NORD : 24 SITES
Mexique
USA
4 313 Collaborateurs

74 SITES
18 218 Collaborateurs

EUROPE
Allemagne
Autriche
Belgique
Espagne
France

Hongrie
Italie
Maroc
Pays-Bas
Pologne
Portugal
République Tchèque

Roumanie
Royaume-Uni
Slovénie
Suisse

9 SITES
1 889 Collaborateurs

ASIE &
AUTRE PAYS
Chine
Corée
Japon
Malaisie
Tunisie

8 SITES
3 054 Collaborateurs

AMÉRIQUE DU SUD
Argentine
Brésil
Uruguay

117 SITES 26 PAYS
27 474 Collaborateurs

Fig. 13 : Répartition des effectifs en 2008

I/ 3. Le centre de recherche de Chalette-sur-Loing :

Fig. 14 : Centre De Recherche Hutchinson de Chalette-Sur-Loing

Situé prés de Montargis, dans le Loiret, à proximité de la plus importante usine Hutchinson, le Centre de Recherche est « l'outil » qui permet à la Direction Générale, à travers sa direction Recherche et Développement, d'orienter la politique de la Recherche.

Plusieurs missions sont confiées au Centre de recherche :

- Innover en matière de produits et de procédés,
- Améliorer les technologies de base du Groupe,
- Proposer une assistance technique aux secteurs opérationnels,
- Proposer des formations pour le Groupe,
- Etre un vivier de jeunes talents pour le Groupe,
- Etre la vitrine technologique du Groupe pour nos clients.

Le centre de recherche c'est aussi plus de 9500m² de locaux, 160 ingénieurs et techniciens et des équipements spécifiques pour :

- La conception et l'étude des matériaux,
- La caractérisation physique des matériaux,
- La chimie analytique,
- La simulation numérique,
- La mécanique vibratoire,
- L'acoustique,
- La conception de nouveaux produits,
- Le développement de procédés.

I/ 4. Organigramme :

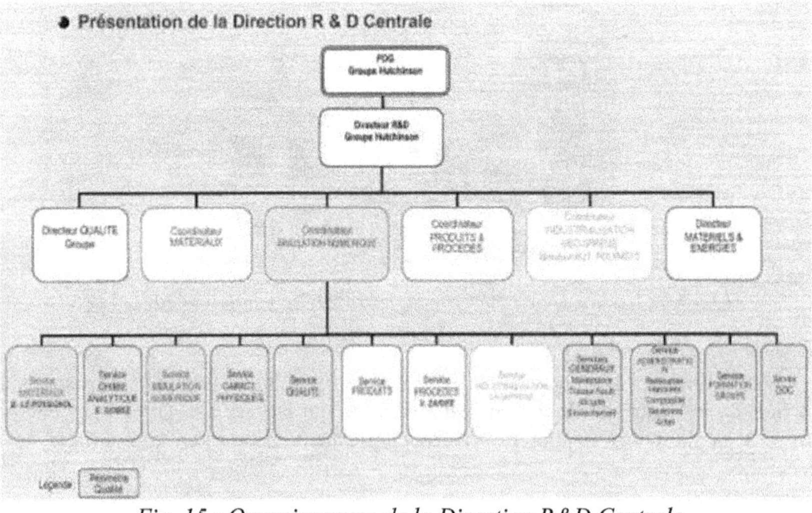

Fig. 15 : Organigramme de la Direction R&D Centrale

Le service Procédés comprend plusieurs secteurs, comme la métallographie (analyse, soudure, brasage, cabine à rayon x), le contrôle non destructif (ultrason, courant de Foucault, jauge de contraintes, émission acoustique) et un bureau de CAO (extrusion, moulage, cintrage tube).

III/ Présentation et objectifs :

III/ 1. Présentation :

L'étude et la conception de ce système ont été menées pour l'entreprise Paulstra dont les usines en France se situent à Châteaudun et Vierzon. Leader mondial de l'antivibratoire, Paulstra conçoit et assemble des supports moteurs, supports hydroélastiques, suspentes d'échappement et appuis d'amortisseur.

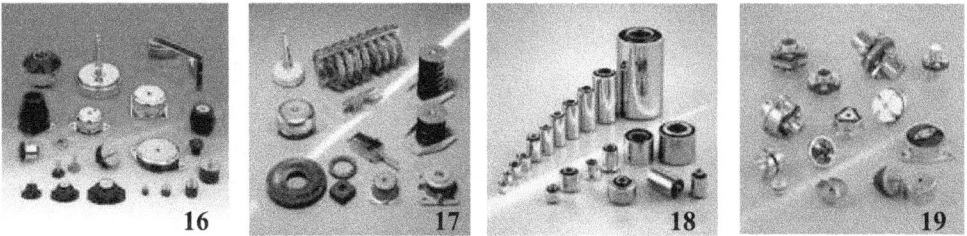

Fig. 16,17,18,19 : Suspensions élastiques(16), suspensions métalliques(17), articulations élastiques(18), accouplements élastiques(19)

Cette entreprise qui possède déjà une automatisation partielle de ses îlots de production, souhaite entièrement les automatiser. C'est là qu'intervient le problème du « vrac ». En effet, lorsque le container de pièces arrive, un opérateur charge ces pièces sur des palettes. Ensuite le robot détecte et prend ces pièces qui vont être ensuite assemblées par plusieurs méthodes afin d'obtenir un produit.

Fig. 20 : Photo pièces caoutchouc + aluminium

III/ 2. Objectifs :

Précédemment l'étude a déjà été menée par un stagiaire pour des pièces uniquement en acier, il y a deux ans. Seulement le problème du vrac est présent pour toutes les pièces, même les pièces non ferromagnétiques, c'est-à-dire des pièces en caoutchouc, en aluminium ou en plastique. Les propriétés de ces pièces étant complètements différentes, mon projet est donc de concevoir un nouveau système de dévraquage mais pour tout ces types de pièces.

Plusieurs entreprises ont déjà essayé de prendre leurs pièces en vrac directement dans le container à l'aide du robot. Le problème est que le robot ne peut pas prendre toutes les pièces dans le container car il va heurter les bords de celui-ci. De plus pour venir prendre les pièces il faudrait installer un système de Vision 3D très performant et donc très coûteux afin de détecter les pièces dans le container. L'objectif est donc de créer un système qui vient se placer entre les containers existants contenant les pièces et le robot, afin de permettre au robot une prise de pièce facile et rapide.

L'idée générale du système consiste à verser les pièces dans une cuve. Au bas de cette cuve, on installe un dispositif de vérins qui en montant va prendre un tas de pièces et ainsi enlever tout obstacle autour (on aura plus les bords des containers). Le robot pourra ainsi venir prendre les pièces. Puis un deuxième dispositif vibrant sera installé à l'extrémité des vérins permettant de réduire le tas de pièces et n'en laisser qu'une couche sur un plan. On programmera ensuite un automate pour effectuer les cycles et on installera le système de Vision 2D.

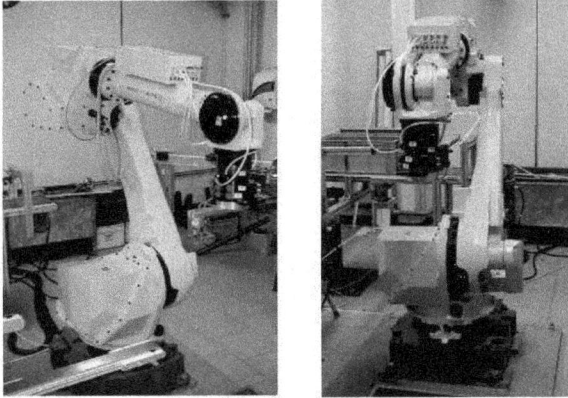

Fig. 21 : Robot 6 axes

III/ 3. Cahier des charges :

Comme pour tous projets, il a fallu établir un cahier des charges à respecter lors de l'étude et de la conception du système. Les principales contraintes à respecter sont les suivantes :

- Coût de réalisation et de fabrication < 7000€ (ANNEXE B).

- Bonne fiabilité et robustesse du système dans le temps.

- Le système ne doit pas être trop encombrant (le système doit être réduit au minimum de ces dimensions).

- Le système devra pourvoir s'adapter aux modifications futures. Il doit permettre des réglages et avoir un montage et une utilisation simples.

- Obligation d'utiliser les containers existants (container en fer ou plastique). On ne peut modifier les containers dans ce projet.

- Ne plus utiliser de convoyeur à bande. Cela permet un gain de place et le tapis vieillit trop mal.

- Respecter le temps de cycle. Ce temps de cycle est donné en fonction du temps de fabrication de la pièce, afin de ne pas ralentir la chaîne de production (entre 5 et 10 secondes selon les cas).

- Respecter la portée du robot. Le système ne doit pas avoir de trop grande dimensions car le robot qu'utilise Paulstra aura un bras d'une longueur de 900mm. Les pièces ne doivent donc pas se trouver à plus de 700mm environ du robot.

La conception de ce système aboutira sur un prototype qui nous permettra de réaliser les essais avec différents objets et voir par la suite s'il y a des modifications à faire. La sécurisation du système se fera plus tard, lorsque le prototype aura était validé par l'entreprise Paulstra.

IV/ Etude et conception :

IV/ 1.Etapes de conception :

Pour la réalisation de ce projet, il a fallu concevoir le système de A à Z. La première étape a été de réfléchir sur un moyen de récupérer les pièces du container.

La seconde partie des recherches a été centrée sur la meilleur façon de prendre les pièces une fois celles-ci dans la cuve, afin de les emmener vers le robot pour qu'il puisse venir facilement prendre les pièces.

La troisième partie consistera à concevoir un dispositif vibrant afin de réduire le tas de pièces pris par un vérin et de n'obtenir qu'une seul couche.

Les matériaux et les dimensions du système ont été définis au fur et à mesure de la conception tout en respectant les contraintes du cahier des charges.

Toute la partie conception a été réalisé sous CAO au service Procédés. Toutes les pièces ainsi que les assemblages ont été dessiné avec le logiciel Pro-Engineer V4.0. Avant ma formation à l'IUT, ce logiciel m'était inconnu. Grâce donc à l'enseignement CAO de l'IUT d'Orléans j'ai pu être rapidement opérationnel et efficace.

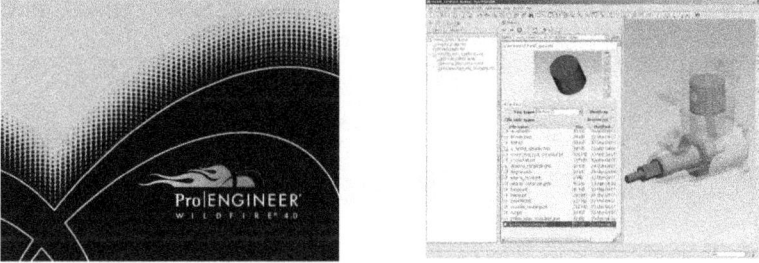

Fig. 22 : Logiciel de CAO Pro-Engineer Wildfire 4.0

1ᵉʳ étape : Déverser et récupérer les pièces :

Le premier travail de recherche a été de choisir comment décharger les pièces du container. Les pièces utilisées n'étant pas ferromagnétiques, on ne pourra pas utiliser des propriétés magnétiques comme le dévraqueur des années précédentes.

Le but de ce système est donc de pouvoir récupérer dans une cuve, des différents types de pièces. Ces pièces sont de formes, tailles, poids et matières différentes. Les différents types de pièces ne sont pas mélangés entre elles dans une même machine.

- *Etudes des bacs (containers) et de la cuves :*

J'ai pensé au départ à un appareil indépendant qui soulève le container et le verse les pièces dans la cuve. Mais cela représente un coût et un espace supplémentaire.

Mais après avoir visité les usines de production de Paulstra j'ai remarqué que les pièces n'étaient pas dans des containers en acier très lourds, comme je pensais, mais desservies dans des bacs en plastique. Le poids de ces bacs étant raisonnable, dans la conception il faudra prendre en compte la hauteur du système si l'on veut que l'opérateur puisse lui même verser le contenu de ces bacs dans la cuve.

Fig. 23 : Bacs en plastique Paulstra

Fig. 24 : Bac en fer Paulstra

Ensuite il a fallu définir la taille et la forme de la cuve. La première idée était de concevoir un grand bol dont le volume pouvait recevoir un container entier de pièce. Mais cette solution est difficilement réalisable en tôle acier. Il m'est venu une seconde idée. La cuve ressemblera à un entonnoir mais de base carrée, plus facilement réalisable. Les dimensions de celle-ci ont aussi été calculées pour que le volume soit supérieur à celui d'un container, afin de recevoir toutes les pièces ; a=b=900mm et h=350mm. La cuve sera fixée sur un bâti de base carré monté sur des pied antivibratoires Paulstra.

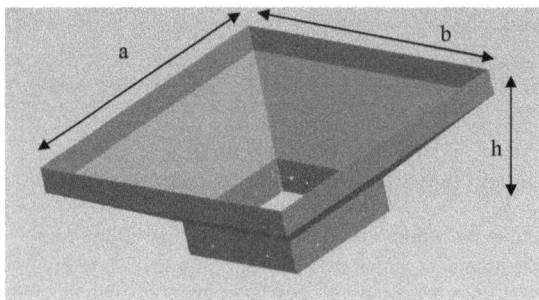

Fig. 25 : Cuve

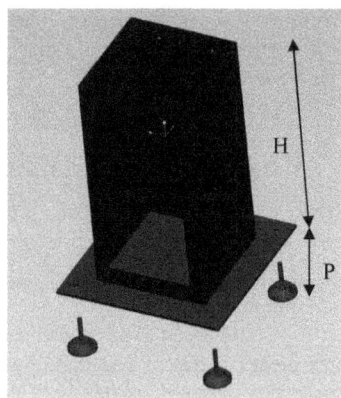

Fig. 26 : Bâti + Pieds réglables

Le problème du déchargement des pièces est donc résolu, car la hauteur du système ne dépassera pas les 1,30 mètres ; h + H + P = 350 + 800 + 100 = 1250mm.
De plus le système est peu encombrant car sa surface est de 0,81m² < 1m².

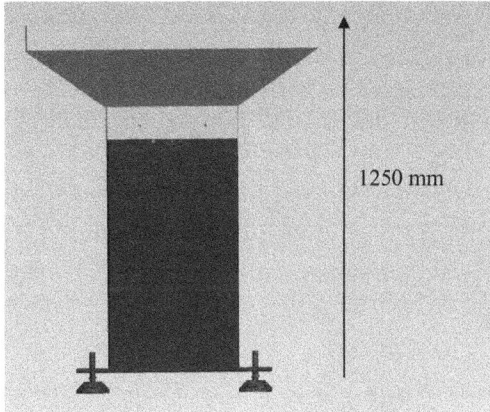

Fig. 27 : Hauteur totale du système

2eme étape : Prendre les pièces dans la cuve :

Le deuxième travail consiste maintenant à trouver une solution technique permettant de prendre les pièces dans la cuve en les amenant au robot. La solution de départ était de mettre un vérin à la base de la cuve. Quand celui-ci monte il emmène des pièces en hauteur. Mais après réflexion j'ai remarqué qu'il était mieux de positionner deux vérins côte à côte toujours à la base de la cuve. Lorsqu'un vérin monte l'autre descend et vice versa. De cette façon on n'a pas d'attente entre chaque cycle de vérin (cycle = monté + descente).

Fig. 28 : Cycle des vérins dans le bâti

- *Fixation des deux vérins au bâti :*

Ensuite un autre problème est survenu. Comment avoir une course stable et comment fixer les vérins au système ? Plusieurs idées ont été dessinées ; deux pattes de fixation en L, en U…

Mais après discussion avec les techniciens, j'ai enfin dessiné une seule pièce en forme de U. Cette pièce appelée « fixation vérins » permet de fixer les vérins et de régler l'orientation grâce à des trous de diamètre un peu plus grand au niveau des fixations (vis).

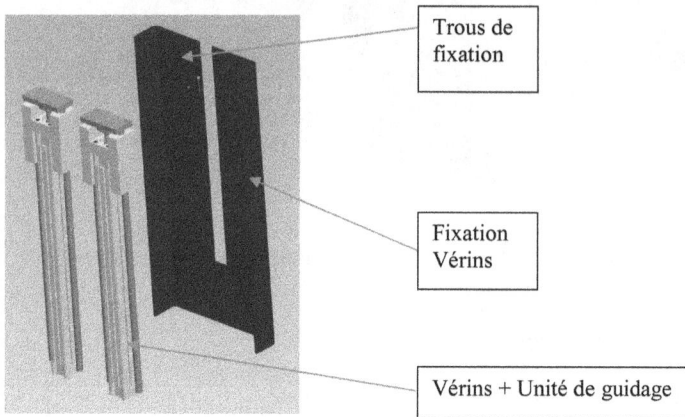

Trous de fixation

Fixation Vérins

Vérins + Unité de guidage

Fig. 29 : Vérins + Fixation vérins

La rigidité et la stabilité de cette pièce est donnée par son épaisseur de 5mm, soudée au bâti.

Fig. 30 : Fixation vérins soudée au bâti

Une fois cette solution technique approuvée, il a fallu ensuite choisir les bons vérins. Après avoir définis les besoins de cette solution (course, force…), j'ai regardé sur le catalogue FESTO les différentes caractéristiques des vérins.

- *Choix des vérins :*

La hauteur de la cuve étant de 350mm nous avions donc besoin d'un vérin possédant au minimum 350mm de course. Afin de garder une marge suffisante pour la suite, nous avons choisi un vérin ayant une course de 500mm. Ensuite nous devions choisir un vérin à double effet car il faut exercer une force pour la montée ainsi que la descente du vérin. Le vérin sera alimenté en 6 bars, il faut donc un vérin qui soulève une force assez conséquente étudiée à au moins 300N à 6 bars.

Il nous faut donc un vérin à double effet de 500mm de course pouvant soulevé une force d'au moins 300N (à 6 bars). Le vérin choisi est le DNC-40-500-PPV-A.

Afin d'assurer un guidage linéaire correcte et pouvoir en même temps permettre la stabilité de la course, j'ai choisi d'utiliser les unités de guidage correspondant au type de vérin choisis précédemment : FENG-40-500-KF (ANNEXE D).

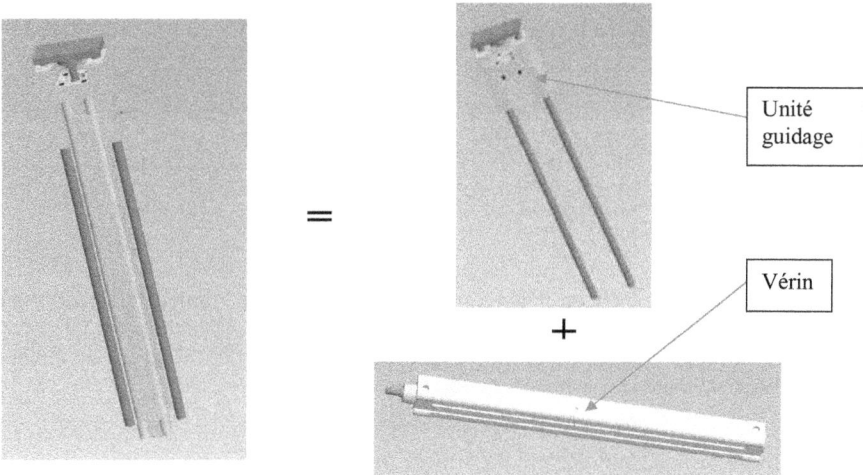

Fig. 31 : Assemblage vérins DNC-40-500-PPV-A + Unité guidage FENG-40-500-KF

- *Conception des tiroirs :*

    Par la suite, je devais réaliser une pièce dont la fonction sera de prendre les pièces dans la cuve lorsque le vérin monte. J'ai donc pensé à un dispositif avec deux « tiroirs » (car deux vérins) rectangulaires couvrant la surface du bâti et de longueur correspondant à la course du vérin. Ceux-ci vont venir se fixer sur les pistons des vérins grâce à des trous oblongs afin de garder un jeu qui permettra le réglage si besoin (mise de niveau).

Fig. 32 : Tiroir   *Fig. 33 : Tiroir + vérin*

    Mais le souci c'est qu'il y aura contact entre les deux tiroirs et contact avec l'intérieur du bâti aussi (Acier/Acier). J'ai donc mis sur les bords intérieurs du bâti et sur les surfaces en contact des deux tiroirs, des plaques en téflon. Celles-ci vont ainsi réduire les frottements et permettre un bon glissement (Acier/Téflon).

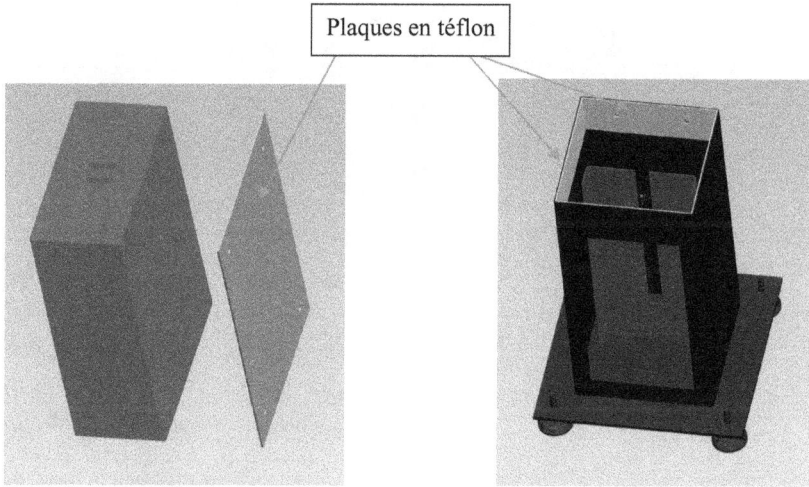

Plaques en téflon

| Fig. 34 : Tiroir + Plaque téflon | Fig. 35 : Bâti + Plaques téflon |

3eme étape : Avoir une seule couche de pièce (2D) :

Mais en réalisant tout ce système, je me suis rendu compte que le problème du vrac n'était pas résolu. Effectivement nous avons toujours un tas de pièces sur les tiroirs. Or nous savons que le robot ne peut pas gérer cette configuration pour détecter les pièces. Comme expliqué précédemment le robot ne peut détecter un tas de pièces à trois dimensions. Il faut donc trouver une solution pour n'avoir qu'une seule couche de pièce afin d'obtenir une configuration à deux dimensions.

- *Structure de l'ancien dévraqueur :*

Au début, j'ai eu l'idée de reprendre la structure du dévraqueur ferromagnétique et d'y installer un nouveau dispositif. Ce dispositif est une brosse, de hauteur réglable, qui vient balayer la surface des tiroirs, grâce à deux vérins linéaires DGP, de façon à laisser qu'une seule couche de pièces.

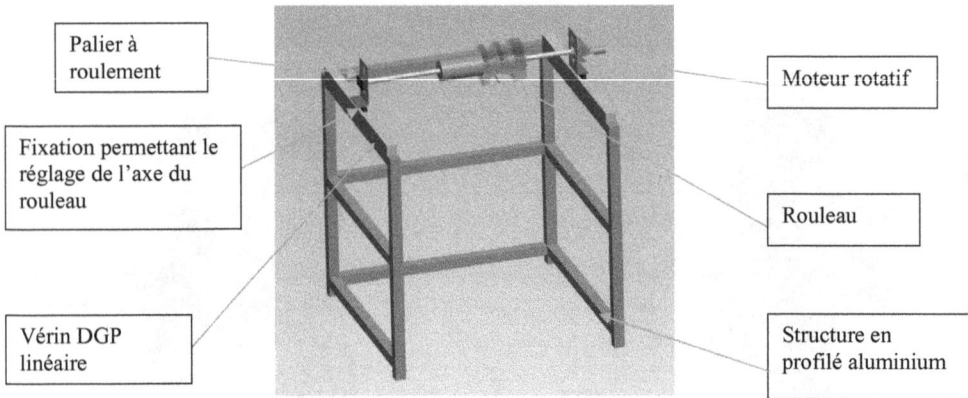

Palier à roulement

Fixation permettant le réglage de l'axe du rouleau

Vérin DGP linéaire

Moteur rotatif

Rouleau

Structure en profilé aluminium

Fig. 36 : Structure de l'ancien dévraqueur avec le dispositif de brosse balayant

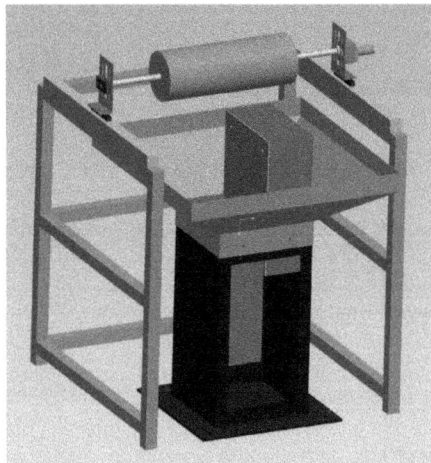

Fig. 37 : Dispositif de brosse balayant avec le dévraqueur

Cette solution engendre des complications supplémentaires (augmentation du risque de panne…) et nécessite une place plus importante.

- *Dispositif de plaque vibrante :*

Les techniciens et moi avons alors pensé à installer un dispositif de plaque vibrante sur l'extrémité des tiroirs. Ce dispositif va faire tomber les pièces en suspend et garder qu'une seule couche. J'ai donc par la suite conçu ce dispositif de façon suivante, sachant que l'on veut des vibrations linéaires et avec peu de frottements.

Dans un premier temps on vient fixer une cage en tôle acier sur un des tiroirs. Cette cage va permettre de laisser une hauteur suffisante pour insérer plus tard un moteur vibrant. Elle va servir aussi de support pour la plaque vibrante.

Fig. 38 : Cage en tôle acier

Fig. 39 : Cage + plaque de téflon

Car en effet sur cette cage on vient fixer des morceaux de plaque téflon afin d'assurer un bon glissement de la plaque vibrante sur son support (cage).

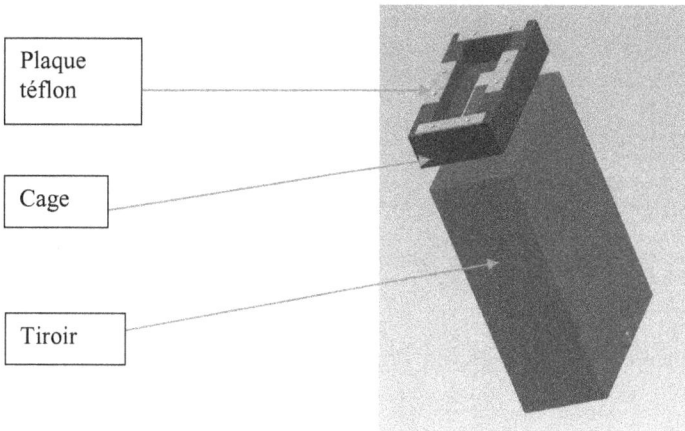

Plaque téflon

Cage

Tiroir

Fig. 40 : Assemblage cage + plaque téflon sur le tiroir

Dans un deuxième temps, on va étudier comment permettre le maintien de la plaque vibrante et comment assurer son retour en position initiale. Pour cela, sur un tiroir on vient fixer deux pattes en U d'un acier à ressort XC75. L'acier XC75 est un acier ayant des propriétés élastiques et une bonne résistance mécanique.

Trous pour fixer les pattes en U

Trous pour fixer le moteur vibrant

Fig. 41 : Patte de fixation XC75 en U

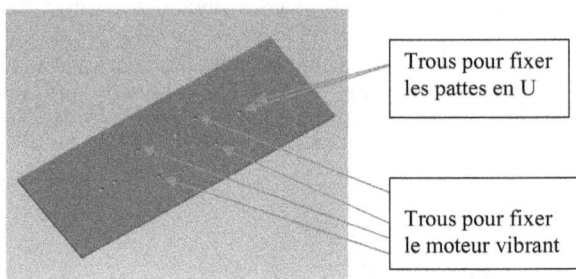

Fig. 42 : Plaque vibrante

Cette pièce va permettre de maintenir la plaque contre les morceaux de plaque téflon sur la cage et étant donnée les propriétés élastiques de cette acier la plaque va revenir a sa position initiale. Elles vont être positionnées de façon à n'avoir que des vibrations selon un seul axe.

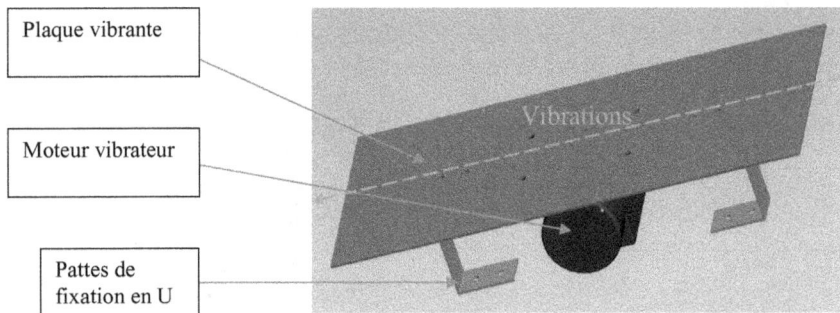

Plaque vibrante

Moteur vibrateur

Pattes de fixation en U

Vibrations

Fig. 43 : Assemblage plaque + moteur + pattes en U

Il faut maintenant dimensionner les pattes en U pour que celle-ci fléchissent suffisamment en vibration. La hauteur, la longueur et la largeur sont prédéfinis. On va dimensionner cette pièce afin d'obtenir un déplacement correct en faisant varier son épaisseur. Pour cela on va estimer tout d'abord la force de déplacement subi par les pièces. On estime cette force à environ 100N au maximum (correspondant à une poussé de 10kg). Grâce au logiciel ProMécanica on va pourvoir estimer les déplacements et les contraintes de la pièce. On fixe la partie du bas et on exerce sur la partie du haut de la pièce une force de 100N selon l'axe voulu, en l'occurrence l'axe correspondant à la direction des vibrations. Puis on fait tourner le programme ce qui nous donne les résultats suivants :

→ Pour 1mm d'épaisseur, on a un déplacement de 11,1mm (trop important)
→ Pour 2mm d'épaisseur, on a un déplacement de 1,41mm (correct)
→ Pour 3mm d'épaisseur, on a un déplacement de 0,38 mm (trop faible)

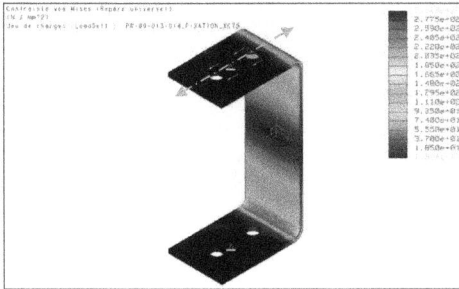

Fig. 44 : Contrainte

Fig. 45 : Déplacement

On choisira donc de prendre une épaisseur de 2mm pour cette pièce. Ces calculs on été fais sans prendre en compte l'inertie de la plaque supportant des pièces. A priori on devra donc avoir un déplacement légèrement plus important.

Une fois toutes les dimensions connues de la pièce, on va ensuite calculer la fréquence propre de celle-ci qui correspond à la fréquence propre d'une plaque fixer à une extrémité (sur le tiroir). Il faut faire ce calcul afin de voir si les pattes en U et le moteur rentrent en résonance.

D'après les caractéristiques de l'acier XC75 (75% de carbone) et des dimensions de la patte en U, j'ai calculé la fréquence propre de cette pièce pour obtenir un ordre de grandeur, grâce au site Internet:
http://www.mecatools.free.fr/vibratoire/mode_propre_plaque.html
(ANNEXE C)

Voici le résultat obtenu :

Fréquence de la pièce : $fp = 8978Hz$.
Or le moteur vibrateur a lui une fréquence variable $fm = 50$ à $60Hz$.
Donc le moteur et les pattes de fixation en U ne vont pas rentrer en résonance.

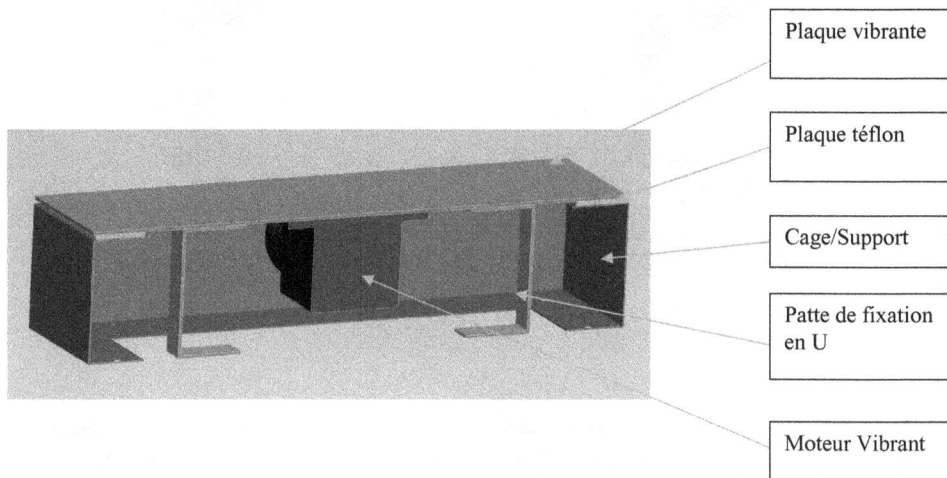

| Plaque vibrante |
| Plaque téflon |
| Cage/Support |
| Patte de fixation en U |
| Moteur Vibrant |

Fig. 46 : Vue en coupe du dispositif vibrant complet

IV/ 2. Conception de la structure :

La structure du système est entièrement faite de tôles d'acier de différentes épaisseurs, pliées et soudée. La surface occupée par le système est inférieur à 1m² ! La structure a été entièrement réalisée par l'entreprise Vaillant, spécialiste de la tôlerie et grâce aussi au service Maintenance Mécanique du CDR pour certaines pièces supplémentaires.

En ce qui concerne les vérins, ils ont été commandés chez Epsilon, fournisseur de la marque FESTO. Les plaques de téflon ont été commandées chez DEA. Les moteurs ont été commandés chez CASADIO, spécialiste des moteurs vibrateurs. La plaque d'acier à ressort XC75 a été commandée chez Weber, spécialiste des matériaux et plastique. Et toutes les autres pièces ont été commandées chez Radiospares (pieds, tubes...) (ANNEXE B).

Les délais de réception ont varié selon plusieurs critères : Stock, condition de paiement...Une fois le système conçu j'ai pu effectuer mes essais et voir si des modifications devaient intervenir.

IV/ 3. Essais et modifications :

La machine a été reçue déjà assemblée, et donc après quelques petits réglages j'ai pu démarrer mes tests.

Il a fallu tout d'abord câblé les vérins au réseau. Pour cela j'ai commandé auparavant le matériel nécessaire ; tuyaux (rouge et bleu), distributeurs, régulateurs de débit.
Les régulateurs de débit servent à réguler le débit d'entré dans les vérins. Dans notre cas on a ouvert ces régulateurs au maximum pour avoir une poussée maximale des vérins.
Puis les distributeurs vont commander la montée et la descente des vérins, en fonction de la position des petits tiroirs à l'intérieur. La partie automatisation n'étant pas encore faite, les distributeurs pourront être manipulés manuellement.
Et ensuite on a relié ces deux distributeurs au réseau qui délivrera une pression de 6 Bars (fonctionnement normal des vérins).

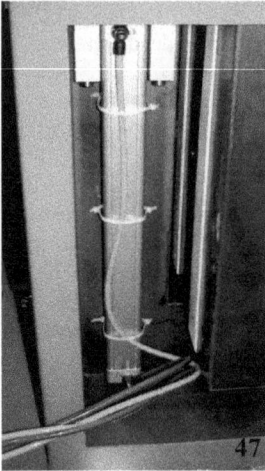

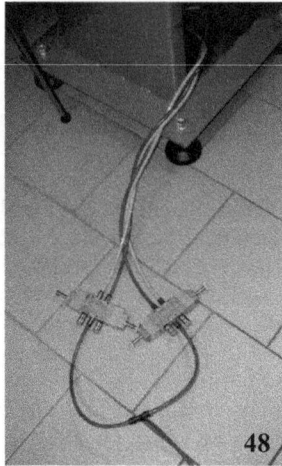

Fig. 47,48,49 : Photos du montage des vérins ; Vérin(47), Distributeur(48), Pression de 6 bars(49)

Après avoir câblé le système, j'ai pu commencer à le faire fonctionner. Mais il m'a fallu plusieurs modifications avant d'avoir un fonctionnement correct du dispositif.

- *1ère modification :*

Je me suis rendu compte que les vérins avaient du mal à monter et à descendre car il y avait trop de frottements. J'ai donc du enlever les plaques téflon autour du bâti pour en diminuer la longueur afin de diminuer la surface de contact. En diminuant cette surface je réduis ainsi les frottements. Je les ai aussi poncées afin de diminuer leur épaisseur pour pouvoir augmenter le jeu. Cela a permis aux tiroirs d'effectuer leurs cycles avec moins de frottements, donc plus rapidement.

Un technicien avait ramené des pièces constituées de caoutchouc et d'aluminium de l'usine Paulstra à Châteaudun. J'ai donc démarré mes essais avec ces pièces, en attendant la réception d'autres pièces en plastique.

Fig. 50 : Photos de pièces constituées de caoutchouc et d'aluminium

- *2eme modification :*

Lors de mes essais, je me suis vite aperçu que le caoutchouc des pièces frottait de façon importante contre les parois du tiroir. Cela abîme considérablement les pièces. J'ai donc décidé de faire une modification et de mettre des plaques téflon tout au tour des tiroirs. J'ai donc enlevé celles qui étaient fixées au bâti. Ceci va permettre de réduire les frottements des contacts entre les pièces et le tiroir.

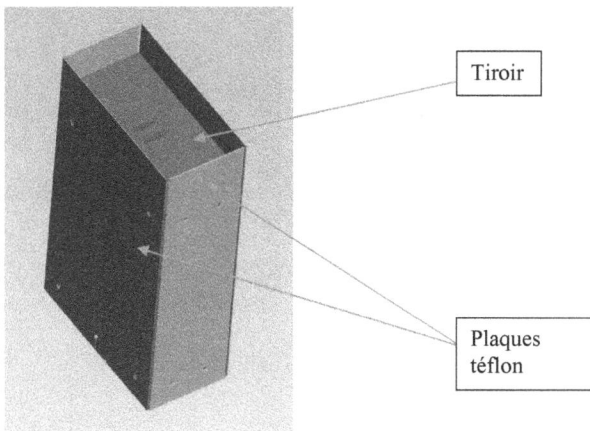

Tiroir

Plaques
téflon

Fig. 51 : Modification Tiroir + Plaques téflon

- *3ème modification :*

　　Après avoir réalisé les plaques vibrantes et avoir reçu les moteurs vibrateurs, j'ai pu commencer faire le montage. Mais celui-ci ne rentré pas dans la cage car le moteur était trop gros ou la cage trop petite. Ne pouvant pas modifier la taille du moteur j'ai donc découpé une ouverture sur la cage permettant d'insérer facilement l'assemblage (moteur + plaque).

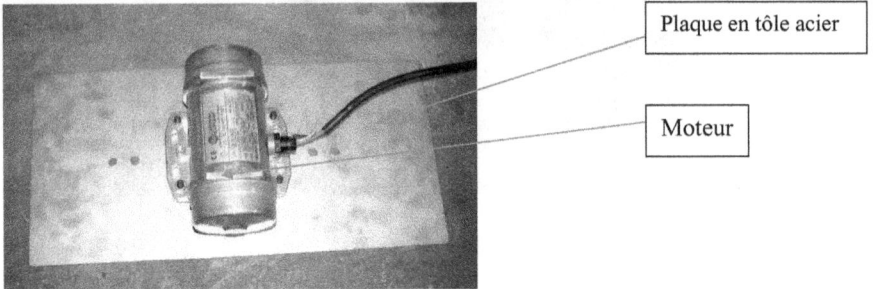

Plaque en tôle acier

Moteur

Fig. 52 : Assemblage moteur vibrateur + plaque

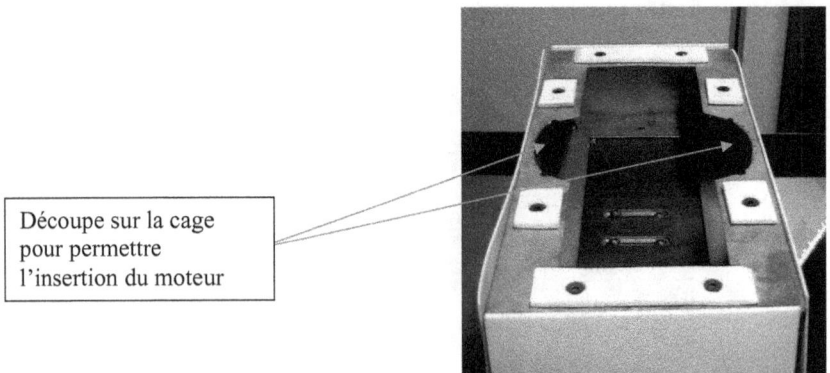

Découpe sur la cage pour permettre l'insertion du moteur

Fig. 53 : Découpe sur le haut de la cage

V/ 4. Partie automatisation :

Une fois toutes les modifications effectuées sur le système, on va pouvoir maintenant se consacrer à la partie automatisation.

1ère étape : Partie Programmation :

Dans cette partie je vais expliquer les différentes étapes de l'automatisme.
Tout d'abord un technicien automaticien (Boris CHAUVET) à entièrement réaliser une armoire constituées d'un automate programmable, de relais, d'interrupteurs, afin d'alimenter et de gérer la machine.

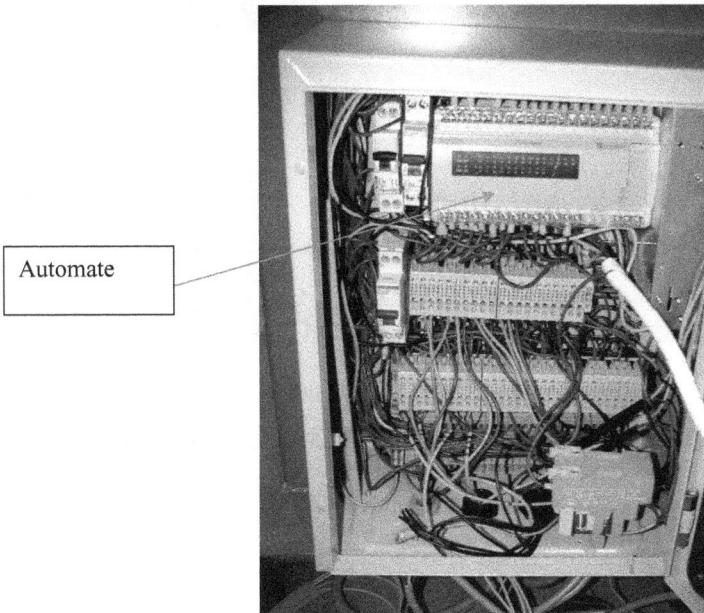

Automate

Fig. 54 : Armoire électrique avec automate programmable

Après avoir réalisé tous les branchements nécessaires, il a fallu ensuite réaliser un GRAFCET (GRAF de Commandes Etapes et Transitions) pour donner au système les différentes actions et ainsi programmer les cycles automatiques. (ANNEXE E)

Cet automate ce programme via un PC en passant par MS-DOS avec le logiciel **PL7-07**. La figure ci-dessous montre l'interface logiciel qui permet de communiquer avec l'automate. Celui-ci est géré par un Grafcet qui détaille toutes les étapes du cycle de fonctionnement. Les variables permettent de définir les différentes entrés et sorties.

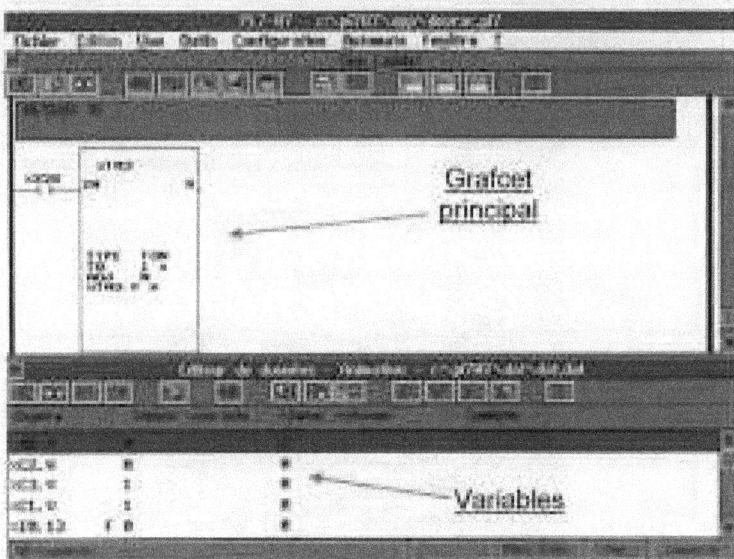

Fig. 55 : Imprime écran du logiciel PL7-07

Après ces étapes terminées, on a testé le programme en le téléchargeant dans l'automate. Mais le programme avait des problèmes sur la commande d'arrêt. Il a fallu rectifié le Grafcet puis recommencer le processus. Après une journée de travail sur la parti automatisme, le système fonctionne sans souci.

2ème étape : Partie Vision :

La deuxième étape est la partie Vison 2D. Voici le principe de fonctionnement : une fois les pièces soulever par un vérin, le logiciel **IR Vision** (logiciel pour robot de marque FANUC) prend une photo de dessus. La géométrie des pièces étant auparavant renseignée dans le logiciel, celui-ci les repères grâce à leurs formes.

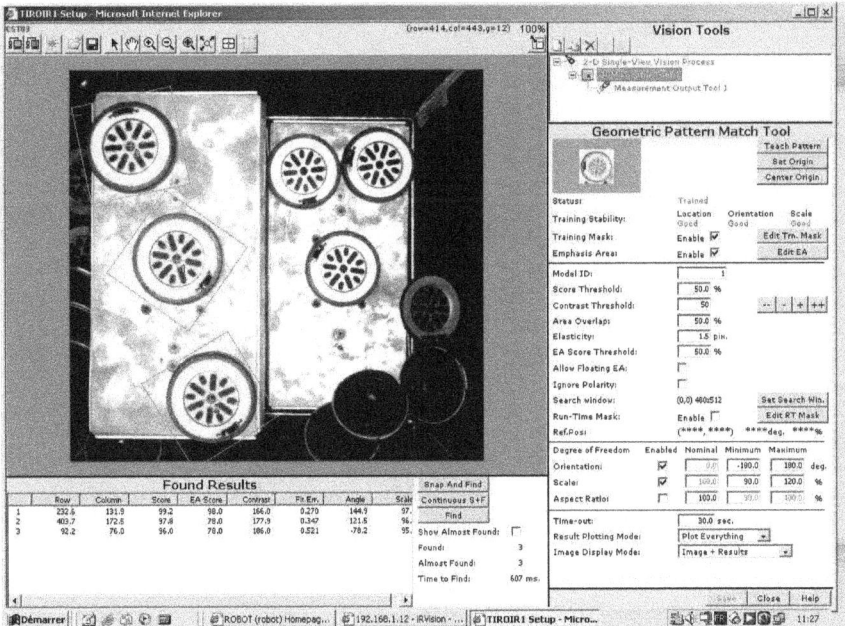

Fig. 56 : Imprime écran du logiciel IR Vision

Une fois les pièces détectées, le logiciel envoie les coordonnées de celles-ci au robot qui va venir les prendre une par une. Puis le premier tiroir redescend et c'est au tour du deuxième de monter et ainsi de suite.

V/ Récapitulatif du fonctionnement du système :

Le système fonctionne de manière suivante :

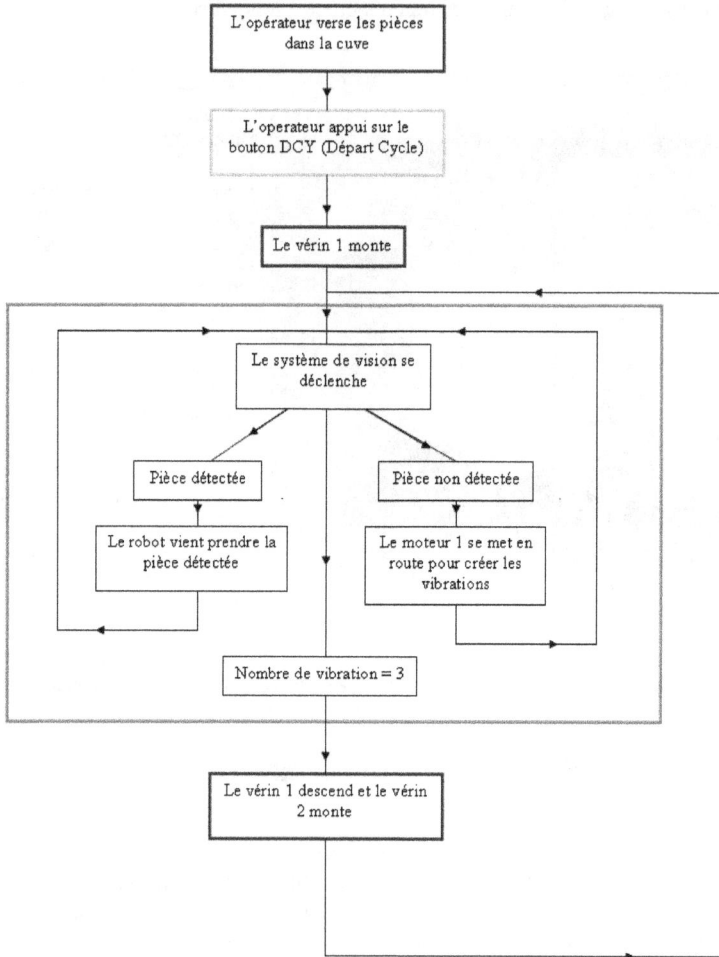

```
┌─────────────────────────────┐
│ L'opérateur verse les pièces │
│        dans la cuve          │
└─────────────────────────────┘
              │
              ▼
┌─────────────────────────────┐
│  L'operateur appui sur le    │
│ bouton DCY (Départ Cycle)    │
└─────────────────────────────┘
              │
              ▼
      ┌──────────────────┐
      │ Le vérin 1 monte │
      └──────────────────┘
              │
              ▼
      ┌─────────────────────────┐
      │ Le système de vision se │
      │        déclenche        │
      └─────────────────────────┘
         │                │
         ▼                ▼
┌──────────────┐   ┌──────────────────┐
│ Pièce détectée│  │ Pièce non détectée│
└──────────────┘   └──────────────────┘
         │                │
         ▼                ▼
┌──────────────────┐  ┌──────────────────┐
│Le robot vient    │  │ Le moteur 1 se   │
│prendre la pièce  │  │ met en route pour│
│détectée          │  │ créer les        │
│                  │  │ vibrations       │
└──────────────────┘  └──────────────────┘

      ┌──────────────────────┐
      │ Nombre de vibration=3│
      └──────────────────────┘
              │
              ▼
┌─────────────────────────────┐
│ Le vérin 1 descend et le     │
│ vérin 2 monte                │
└─────────────────────────────┘
```

Le système s'arrête dès que l'operateur appui sur le bouton DCY ou sur le bouton d'arrêt d'urgence. Ce qui enclenche la descente des deux vérins.

VI/ Bilan :

Le bilan de ce stage est très positif, car le projet qui m'a été confié, est un projet d'actualité dans toutes les usines. C'est donc un projet important et qui s'avère très intéressant.

Les objectifs de ce stage étaient de concevoir et de réaliser un prototype de dévraquage pour des pièces en plastique, en aluminium, en caoutchouc…en utilisant les containers existants. Le travail est effectué pour l'entreprise Paulstra.

Les objectifs ont donc été atteints car le prototype fut réalisé dans les délais et son fonctionnement permet de résoudre partiellement le problème du dévraquage. En effet il reste tout de même plusieurs modifications à faire au niveau de la prise de pièces en 2D (faire un plan incliné) et les moteurs vibrants font trop de bruit. Il faut aussi gérer la prise de pièce ; jouer sur le système de vision pour détecter un maximum de pièces à chaque cycle et trouver une stratégie afin de pouvoir venir prendre les pièces détectées grâce à différents préhenseurs (ventouse, pince, électroaimant…). Ce projet a donc débouché sur un prototype mais dont il reste à faire des modifications futures.

VII/ Conclusion :

Le fait d'avoir réalisé cette étude de manière autonome, m'a permis de découvrir de nouveaux aspects dans la conception. Avec cette étude, j'ai pris conscience de l'importance de mes recherches, de mes solutions et de mes choix. J'ai pu apprécier pour la première fois la gestion des responsabilités en faisant moi même les études de prix, de devis et les commandes. Même si on ne sait pas si ce prototype verra le jour dans une usine, cela reste une très bonne expérience pour ma future vie professionnelle.

Ce stage m'a aussi énormément apporté au niveau des connaissances. J'ai découvert l'univers de la robotique et de ces éléments, ainsi qu'en automatisme et en mécanique. Ce stage a complété et renforcé mes bases dans tous ces domaines. Mes connaissances et méthodes de travail acquises à l'IUT m'auront donc été très utiles, comme par exemple la CAO.

Sur le plan personnel, j'ai beaucoup apprécié l'ambiance de travail très conviviale qui régnait au sein des différents services, ce qui a rendu mon intégration et mon adaptation agréable et rapide. J'ai aussi éprouvé de la satisfaction à voir évoluer mon projet tout au long du stage, de la conception à la réalisation en passant par la résolution des différents problèmes rencontrés. Ce stage confirme mes goûts pour la recherche et la conception de projet, ce qui m'encourage à continuer mes études dans cette voie.

Table des annexes :

Résumé :

J'ai effectué mon stage au sein du Centre de Recherche d'Hutchinson, situé à Chalette-sur-Loing (45) prés de Montargis. Le service Procédés, dans lequel j'ai été affecté, travaille principalement dans la recherche de nouveaux moyens de production.

L'automatisation des chaînes de production étant de plus en plus répandue, mon stage consistait à concevoir un nouveau système de « dévraquage », permettant le déchargement de pièces d'un container. Le projet a été mené pour la société Paulstra.

Pour arriver à ce résultat j'ai tout d'abord dû définir les objectifs du système et établir un cahier des charges. J'ai ensuite mené une étude sur l'invention du système ainsi que la conception des différentes pièces le composant. Après avoir réalisé les plans sous CAO (Pro-Engineer), j'ai commandé les différentes pièces chez plusieurs fournisseurs et sous traitants de Hutchinson. Et enfin, j'ai procédé à la réalisation du prototype et des essais.

Vue d'ensemble du prototype :

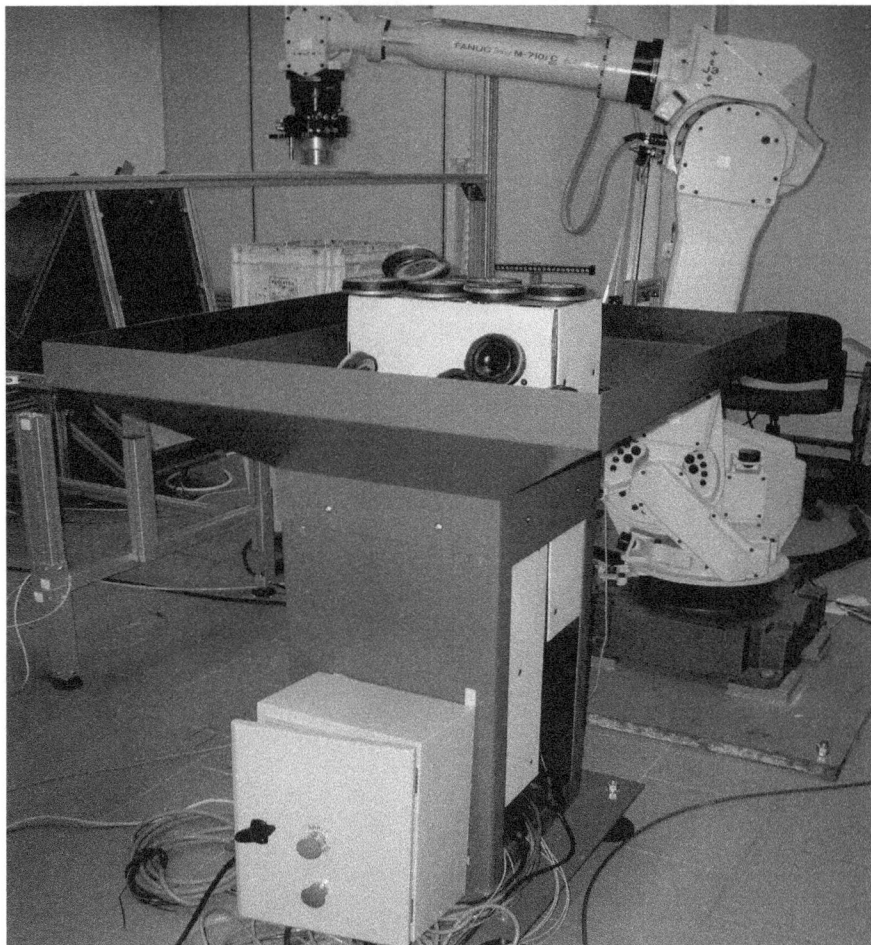

ANNEXE B

Exemple de commande et coût total du prototype :

Le coût total du projet est d'environ **3800 €**

ANNEXE C

Premier mode propre d'un plaque rectangulaire

1. But

Le but de cette feuille de calcul est de calculer la fréquence du premier mode propre d'une plaque rectangulaire d'épaisseur constante.

2. Conditions aux limites

○ Plaque en appui simple	◉ Plaque encastrée sur un côté
○ Plaque encastrée sur deux côtés opposés	○ Plaque encastrée

3. Paramètres

avec a > b

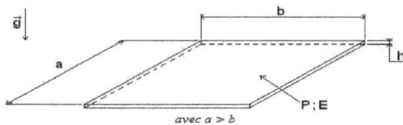

a : Longueur	86	mm ▼
b : Largeur	30	mm ▼
h : Epaisseur de la plaque	2	mm ▼
P : Poids par unité de surface	15	kg/m² ▼
E : Module d'élasticité du matériau	205000	MPa ▼
g : Accélération de la pesanteur	9.81	m/s²

4. Résultats

Calculer

Période du premier mode de vibration :	$T =$	0.000111378276005034!	secondes
Fréquence du premier mode de vibration :	$f =$	8978.41155266937	Hz

5. Rapport

Type de sortie : Impression standard ▼   **Afficher le résultat**

6. Théorie

La période du premier mode de vibration d'une plaque rectangulaire est donné par la formule suivante :

$$T = \lambda \sqrt{\frac{P}{g} \cdot \frac{a^4}{E \cdot h^3}} \qquad et \qquad f = \frac{1}{T}$$

Une valeur approchée du coefficient λ est donnée par la formule suivante :

$$\lambda = \frac{2.2}{1 + \left(\frac{a}{b}\right)^3}$$

Note : Dans le cas d'une plaque en appui simple, ce formulaire utilise les valeurs de λ contenu dans les abaques pour les rapports (a/b)<=3 (voir référence ci-dessous). Dans le cas ou 3<(a/b)<8, la formule ci-dessus est utilisée.

Page 43

Caractéristiques unité de guidage :

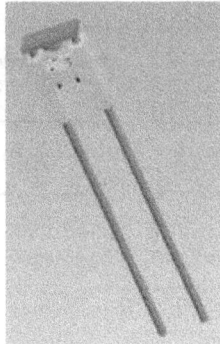

Unité de guidage

FENG-40-500-KF

avec guidage à roulement pour vérins type DNC-, DNG, DNGU-... Sert de protection anti-rotation, assure un guidage de grande précision.

Caractéristique	Caractéristiques
Principe de guidage	**Guidage à billes**
Mode de fonctionnement	**Etrier**
Taille nominale unité de guidage	**40**
Course (dimensionnement)	**500 mm**
Force utile max. avec A4	**65 N**
Flèche en C1	**3,1 mm**
Couple max. en A4	**2,9 Nm**
Torsion en C2	**3,44 deg**
Force de déplacement	**15 N**
Température ambiante min.	**-20 °C**
Température ambiante max.	**80 °C**
Options de fixation Capteurs	**non**
Options de fixation Amortisseurs	**non**
Matériau tube/corps	**Alliage d'aluminium corroyé**
Matériau guide	**Acier de traitement**
Critère CT	**conforme**

GRAFCET

ENTREES	DESIGNATION
%I0.7	FIN DE COURSE BAS TIROIR 1
%I0.8	FIN DE COURSE HAUT TIROIR 1
%I0.9	FIN DE COURSE BAS TIROIR 2
%I0.10	FIN DE COURSE HAUT TIROIR 2
%I0.11	DEPART CYCLE
%I0.12	DEMANDE DE PIECES (du robot vers l'automate)
%I0.13	VISION OK (du robot vers l'automate)
%I0.14	VISION NOK (du robot vers l'automate)
SORTIES	
%Q0.0	SORTIR TIROIR 1
%Q0.1	RENTRER TIROIR 1
%Q0.2	SORTIR TIROIR 2
%Q0.3	RENTRER TIROIR 2
%Q0.4	MOTEUR VIBRANT TIROIR 1
%Q0.6	MOTEUR VIBRANT TIROIR 2
%Q0.7	PIECE PRESENTES (de l'automate vers le robot)

GRAFCET :

- 9 →
- 8 →
- Étape 1 : RESET %S9   RESET %S21
  - transition : %I0.7.%I0.9.%I0.11
- Étape 2 : %Q0.0
  - transition : %I0.8
- Étape 3 : %Q0.7   "ATTENTE VISION ROBOT"
  - transition : %I0.13 + (%I0.14.C=3)
- Étape 4 : C=0   "ATTENTE FIN DE PRISE DE PIECES PAR LE ROBOT"
  - transition : %I0.12
- Étape 5 : %Q0.1
  - transition : %I0.10
- Étape 6 : %Q0.7   "ATTENTE VISION ROBOT"
  - transition : %I0.13 + (%I0.14.C=3)
- Étape 7 : C=0   "ATTENTE FIN DE PRISE DE PIECES PAR LE ROBOT"
  - transition : %I0.12
- Étape 8 : %Q0.3   %Q0.0
  - transition : %I0.8 → 2
- Étape 9 : %Q0.1   SET %S9   SET %S21
  - transition : %I0.7 → 1

- Étape 10 : %Q0.4   T1=2S   C=C+1
  - transition (depuis 3) : %I0.14.C<3
  - transition (retour) : %TM1.Q
- Étape 11 : %Q0.4   T1=2S   C=C+1
  - transition (depuis 6) : %I0.14.C<3
  - transition (retour) : %TM1.Q

Caractéristiques vérin :

Vérin à double effet
DNC-40-500-PPV-A

selon DIN ISO 6431, VDMA 24562-1, avec tube profilé et amortissement de fin de course réglable des deux côtés.

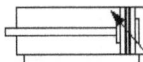

Caractéristique	Caractéristiques
Mode de fonctionnement	à double effet
Forme Piston	rond
Forme Tige de piston	rond
conforme à la norme ISO	ISO 6431
conforme à la norme VDMA	VDMA 24562
Type de détection	magnetique
Type d'amortissement	amortissement pneumatique réglable
Longueur d'amortissement	20 mm
Antirotation	néant
Taille nominale de piston	40
Course	500 mm
Diamètre de tige de piston	16 mm
Extrémité de tige de piston	Filetage extérieur
Filetage de tige de piston KK	M 12x1.25
Pression de service min.	0,6 bar
Pression de service max.	12 bar
Température ambiante min.	-20 °C
Température ambiante max.	80 °C
Type de raccord Culasse avant (EE)	Taraudage
Filetage de raccordement culasse avant E	G 1/4
Matériau culasse	Alu moulé sous pression
Matériau joints	NBR, TPE-U(PU)
Matériau tige de piston	Acier fortement allié
Matériau tube/corps	Alliage d'aluminium corroyé
Poids total à 0 mm de course	0,8 kg
Poids additionnel par 10 mm de course	0,045 kg
Poids de masse déplacée à 0 mm de course	0,307 kg
Poids de masse déplacée par 10 mm de c.	0,016 kg
Revêtement couvercle	anodisé
Revêtement tube/corps	anodisé dur
Type de raccord Culasse arrière	Taraudage
Filetage de raccordement culasse arrière	G 1/4
Force utile (théo.) sous 6 bar avance	754 N
Force utile (théo.) sous 6 bar recul	633 N
Consommation d'air sous 6 bar av./course	4,4 l
Consommation d'air sous 6 bar avance/10	0,088 l
Consommation d'air sous 6 b. ret./course	3,7 l
Consommation d'air sous 6 bar retour/10	0,074 l
Fluide	Air déshydraté, lubrifié ou non

Mise en plan de l'assemblage :

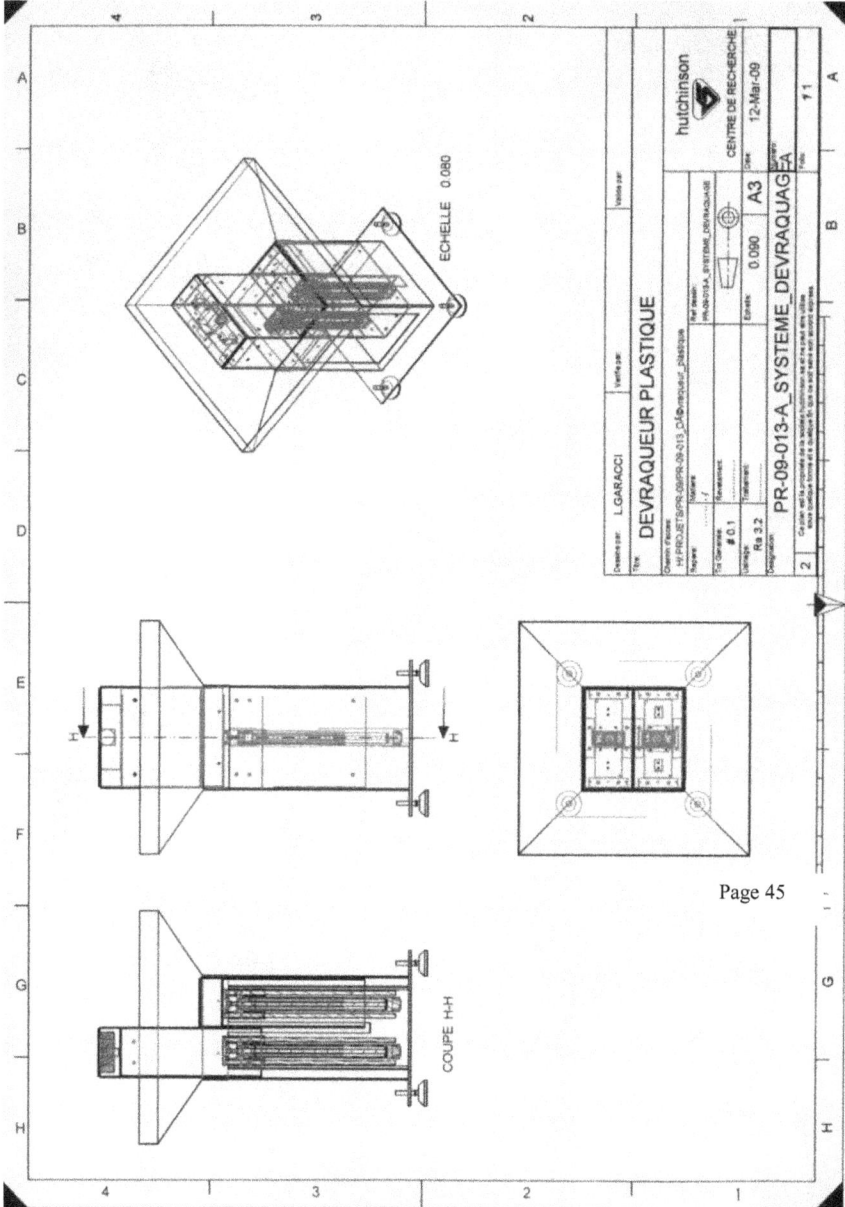

ÉCHELLE 0.080

COUPE H-H

DEVRAQUEUR PLASTIQUE

hutchinson

CENTRE DE RECHERCHE

12-Mai-09

A3

PR-09-013-A_SYSTEME_DEVRAQUAGE_A

Dessiné par L.GARACCI

Échelle 0.090

Ra 3.2

Page 45

Vue en coupe de l'assemblage du système :

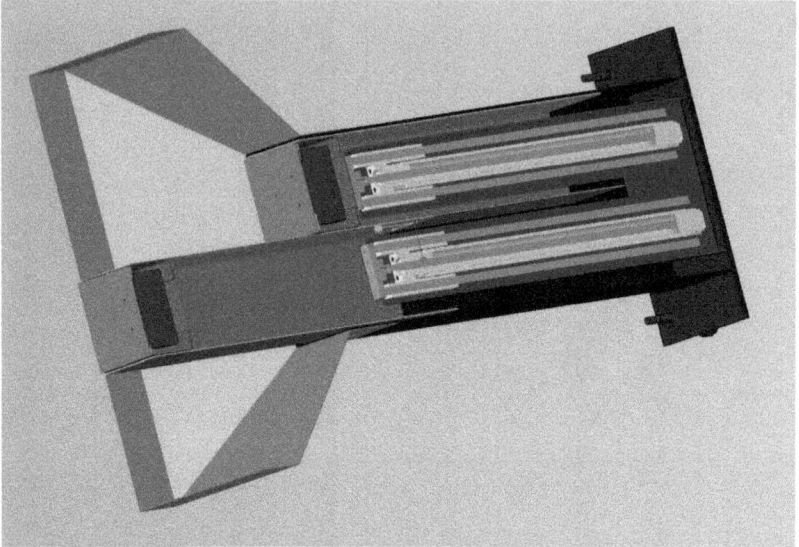

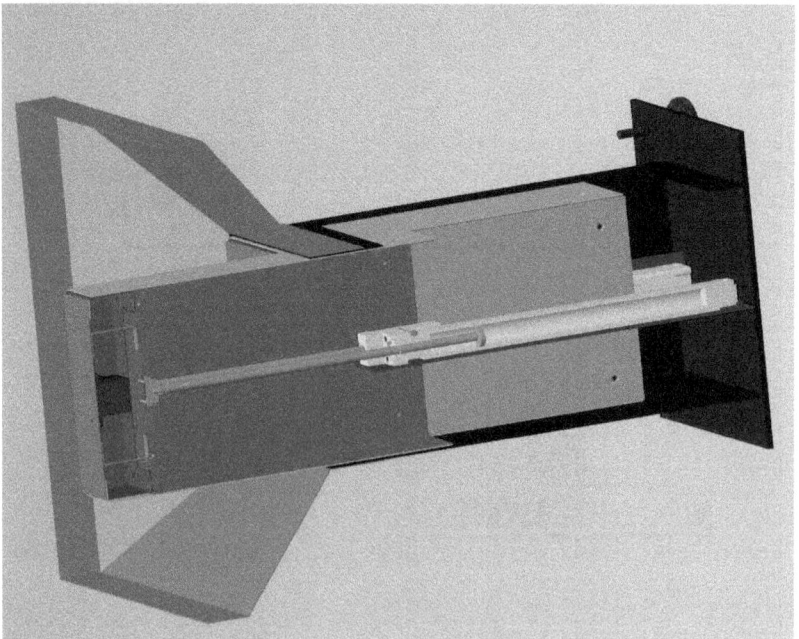

www.ingramcontent.com/pod-product-compliance
Lightning Source LLC
Chambersburg PA
CBHW020318220326
41598CB00017BA/1596